U0335824

保护地球在行动

保护水资源

张子剑◎编绘

这本书属于

吉林出版集团股份有限公司
全国百佳图书出版单位

周日的清晨，当第一缕阳光照进小贝的房间时，妈妈走进来叫醒她。

几分钟后，小贝并没有起床。妈妈说："小贝，有个客人在等你。"
"是谁？这么早？"小贝打着哈欠、伸着懒腰问。

"妈妈，请这个人等一会儿行吗？我很困。今天不上学，我想多睡会儿。"小贝说。

　　"爷爷一大早就把她送来了。"妈妈说，"我让她过来吧！"

小贝困得眼皮直打架。突然她听见"噔——噔——噔——"的脚步声，脚步声由远及近，越来越大。

一个银光闪闪的机器人走进房间。这时，小贝好奇地睁大眼睛，一点儿也不困了。

"我叫晶晶，是环保机器人。"原来，几个月前爷爷说要制造一个环保机器人，如今成功了！

小贝注意到，晶晶从头到脚包裹着金属，浑身亮闪闪的，脑后扎了一个马尾辫，声音细细的。小贝猜测晶晶一定是个女生。

"小贝，爷爷告诉我，你有时候不太爱惜水。"晶晶三句话不离老本行。

小贝的脸有点儿红了。

"可能你不清楚该怎么做，"晶晶说，"就让我来告诉你吧！"

"来，咱们先去厨房。"晶晶说着，和小贝一起来到厨房。

"我们每天要用水清洗蔬菜、水果。洗过的水怎么办？"晶晶问小贝。

"直接倒了呗。"小贝答。

"我们可以在厨房的角落里放一个水桶，专门盛放洗过果蔬的水。"晶晶说，"这些水可以浇花。"

晶晶拿起小贝的水杯说："你每次都倒满满一杯水,结果后来没喝完直接倒掉了。以后喝多少倒多少,就不会浪费了。"

小贝听完点点头说："原来这样的点滴小事也可以节约用水。"

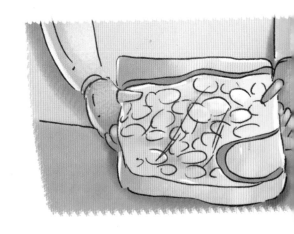

冷冻食物可以提前拿出来在室温下化开。

"小贝，节约用水是每个人都应该做到的。"晶晶说，"你可以和爸爸、妈妈分享节水妙招。"

碗碟粘上油污时，先放在盆里洗掉，最后再用流水冲刷干净。

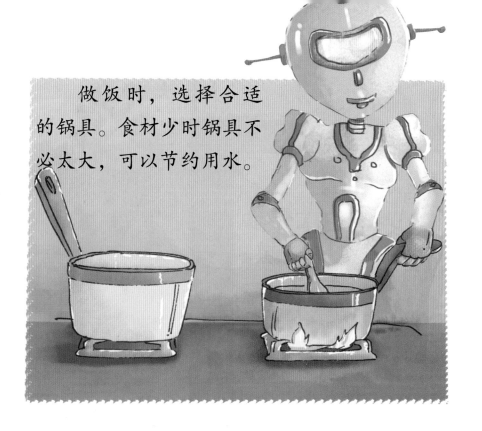

做饭时，选择合适的锅具。食材少时锅具不必太大，可以节约用水。

不用的冰块不要丢弃，可以放在室温下化开后再次利用，如用它给花浇水。

"晶晶，你说的这些小妙招听起来很有用。"小贝说。

"嗯，现在我们再去浴室看看吧。"晶晶说。

听到滴答滴答的滴水声，我们要去关紧水龙头。

刷牙时，你应该关掉水龙头。

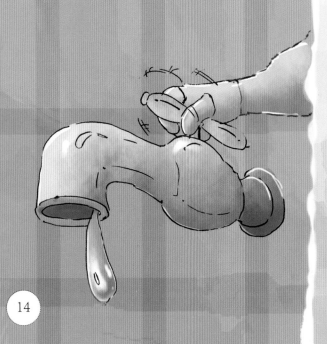

洗澡时，除了冲洗
身体，其他时候可以关
掉淋浴头。

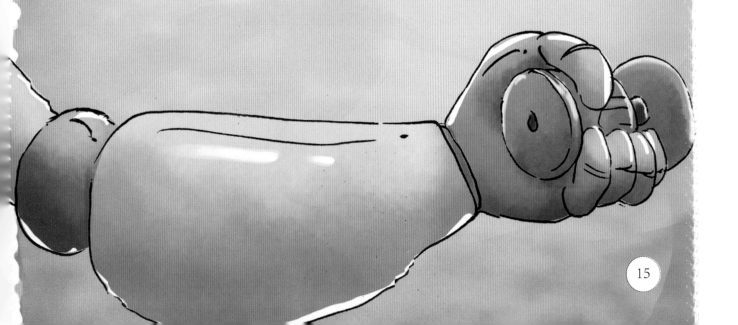

听了晶晶的话，小贝很不好意思。过去，她确实没有注意过节约用水。

"我知道怎么做了。"她很兴奋，自己学会了如何节约用水。

然后，她俩来到了洗手间。

晶晶说："你可以建议爸爸把抽水马桶里的设备换成节水型的。"

用过的卫生纸不要扔进马桶里，而是扔进垃圾桶里。这样更省水。

冲水马桶的按钮有两挡：一挡冲力大，适于冲刷固体；另一挡冲力小，可以冲液体。

她们来到洗衣机前。

"我来告诉你，洗衣服的时候怎样省水。"晶晶说。

"可是晶晶，这些你应该告诉妈妈，因为我并不洗衣服。"小贝说。

"小贝，其实你可以帮助妈妈洗衣服呀。"晶晶建议说。

小贝点点头，洗衣服好像并不难，她可以和妈妈一起洗。

用半自动的洗衣机洗衣服时，水适量就行，加水过多会造成浪费。

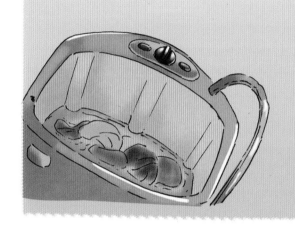

深色和浅色的衣服要分开洗，不然可能发生掉色和染色的情况。

该省的地方要节省，不该省的地方不能省。

内衣、毛巾等衣物可以用手洗，这样不仅省水，而且省电。

"小贝，爷爷告诉我你爱劳动，喜欢园艺。"晶晶说。

"是的，一有空，我就去帮爷爷打理花园。"小贝微笑着回答。

"好，现在我们去花园里，看看有没有可以节约用水的地方。"晶晶说。

应该早晨或者晚上给植物浇水，而不是中午。中午浇水，高温土壤突然受到冷水刺激，土温降低，会导致植物根系吸水能力下降，蒸腾失水大于根系吸水，植物萎蔫。这样也造成了水的浪费。

　　施肥要适度，否则就需要浇更多的水来防止植物死亡。

给花儿浇水，不要太多，也不能太少。

植物落下的叶子不用清理，把它们掩埋在土壤里，这不仅能补充土壤的营养，还能提供一些水分。

凉爽、有微风、
空气湿润的天气，
很适合给植物浇水。

调整洒水器的角度，
让它能够浇灌到每棵需要
水的植物。

"小贝，你可以告诉爸爸，洗车时准备一桶水，这样就不必连接水管冲洗汽车了。"晶晶说。

"我都记下了，晶晶。"小贝很高兴，学到了这么多节约用水的方法。

"我很高兴和你分享这些。"晶晶也很高兴。她一高兴，马尾辫就晃个不停。

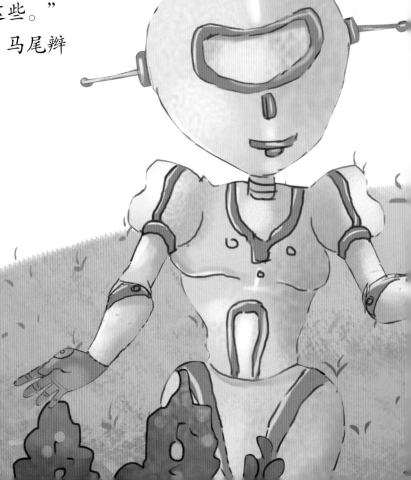

"我听说你喜欢养宠物。"晶晶说。

"是的,我养了条狗叫布鲁诺,有条金鱼叫思考者。"
小贝说。

"这两个小东西一定很可爱,因为名字很好听。"
晶晶的马尾辫摇了摇。

"天气好的时候，你可以在草坪上给布鲁诺用清水洗澡。用过的洗澡水还能灌溉小草，不过水中有洗涤剂可就不行了。"晶晶说。

晶晶想了想说："你还可以用布鲁诺没有喝完的水浇花。"

"你需要经常给思考者换水吧？从鱼缸里换掉的水可以拿来浇灌花园里的植物。"晶晶又说。

"还有一些很实用的节水妙招，可以告诉爸爸和妈妈。"晶晶说。

发现自来水管道有漏水，提醒爸爸尽快修好。

如果发现家里有破裂漏水的管子，要及时更换。

家里尽量使用节水龙头。

"小贝，你喜欢和小伙伴一起玩水吗？"晶晶问。

"是的，我喜欢和朋友们戏水。"小贝答道。

"炎热的夏天，我们很喜欢打开花园里的浇水器，水冲到身上既凉快，又好玩。"小贝说道。

"可是，那样很浪费水。不如玩水枪吧，一样有意思，还能省下很多水。"晶晶说。

晶晶还要去别人家，教更多的小朋友怎样节约用水。

小贝依依不舍地把她送到门口，挥手告别。

她想起新闻里说，因为缺水，每年有很多家庭做饭用水都成了问题。小贝想：如果平时我注意节约用水，也许可以间接帮助很多人。小贝下决心再也不浪费水了。小朋友，和小贝一起行动吧！